Safa Rguez
Majdi Hammami
Ibtissem Hamrouni Sallemi

Nanotecnologia no encapsulamento de óleos essenciais

Safa Rguez
Majdi Hammami
Ibtissem Hamrouni Sallemi

Nanotecnologia no encapsulamento de óleos essenciais

ScienciaScripts

Cover image: www.ingimage.com

This book is a translation from the original published under ISBN 978-620-6-70497-3.

Publisher:
Sciencia Scripts
is a trademark of
Dodo Books Indian Ocean Ltd. and OmniScriptum S.R.L publishing group

120 High Road, East Finchley, London, N2 9ED, United Kingdom
Str. Armeneasca 28/1, office 1, Chisinau MD-2012, Republic of Moldova, Europe
Printed at: see last page
ISBN: 978-620-7-73128-2

Prefácio

Bem-vindo ao mundo cativante da "Nanotecnologia no Encapsulamento de Óleos Essenciais". Este livro explora as fronteiras inovadoras onde a nanotecnologia e os óleos essenciais se encontram, revelando um mundo de possibilidades fascinantes para a ciência, a indústria e a saúde.

Os óleos essenciais, preciosas destilações da natureza, há muito que são celebrados pelas suas propriedades terapêuticas, aromas inebriantes e aplicações variadas. Entretanto, a nanotecnologia está a emergir como uma força revolucionária, oferecendo soluções à escala molecular para diversos desafios.

Neste trabalho, aprofundamos os fundamentos dos óleos essenciais, explorando a sua origem, propriedades terapêuticas e aplicações actuais. Destacamos a sua vulnerabilidade e a necessidade imperativa de os encapsular para preservar a sua integridade.

A nanotecnologia torna-se o nosso guia à medida que detalhamos as técnicas de encapsulamento, desde nanopartículas a escolhas sofisticadas de materiais, revelando os segredos da proteção dos óleos essenciais a uma escala nanométrica.

As páginas seguintes revelam as aplicações revolucionárias desta aliança entre a nanotecnologia e os óleos essenciais. Da cosmética à medicina, passando pela indústria alimentar, o encapsulamento nanotecnológico abre portas a melhorias significativas, desde a penetração cutânea aos tratamentos direccionados e à estabilização dos aromas.

No entanto, a nossa exploração não se fica por aqui. Também enfrentamos os desafios éticos e ambientais, salientando a importância crucial de orientar esta tecnologia para práticas sustentáveis e eticamente responsáveis.

As páginas que se seguem são um apelo ao futuro, um convite a imaginar as descobertas que estão para vir e as inovações que irão moldar o nosso mundo. As perspectivas futuras do encapsulamento nanotecnológico dos óleos essenciais revelam um potencial infinito, alimentado pela investigação, pela inovação e pelo empenho num futuro melhor.

Convidamo-lo a mergulhar nesta viagem emocionante, explorando as intersecções entre a natureza e a tecnologia, entre as moléculas e os nanomateriais. Prepare-se para se surpreender com as descobertas que estão para vir e para se inspirar nas profundas implicações desta excitante convergência.

Que esta exploração ilumine a sua compreensão, estimule a sua curiosidade e acenda a sua paixão pelas extraordinárias possibilidades oferecidas pelo encapsulamento nanotecnológico de óleos essenciais.

Boa leitura!

Índice

1. Introdução

Os óleos essenciais, jóias aromáticas extraídas das plantas, e a nanotecnologia, um campo emergente de proporções infinitesimais, unem forças num bailado fascinante que está no centro deste livro. Esta aliança, que à partida parece improvável, abre as portas a um mundo de possibilidades revolucionárias. Nesta introdução, exploramos a natureza deste casamento entre os óleos essenciais e as nanotecnologias, destacando os objectivos deste livro e sublinhando a importância crucial destes dois campos em vários sectores.

Os óleos essenciais, compostos voláteis extraídos das plantas, desempenham um papel essencial na vida humana há milhares de anos. Utilizados para fins terapêuticos, cosméticos, culinários e até espirituais, estas essências vegetais conquistaram a imaginação de muitas civilizações ao longo da história. Atualmente, os óleos essenciais suscitam um interesse crescente devido às suas propriedades terapêuticas, aos seus aromas encantadores e à sua versatilidade.

Por outro lado, a nanotecnologia está a emergir como uma disciplina científica que explora e manipula a matéria à escala nanométrica, onde as propriedades dos materiais podem diferir consideravelmente das da escala macroscópica. Estes avanços recentes abrem possibilidades infinitas para a conceção de materiais e tecnologias revolucionários. Ao combinar estes dois campos, o encapsulamento de óleos essenciais à escala nanométrica torna-se um empreendimento excitante, oferecendo soluções inovadoras numa variedade de sectores.

Este livro tem como objetivo desvendar os mistérios e os benefícios da utilização conjunta dos óleos essenciais e da nanotecnologia, com especial incidência no processo de encapsulamento. Iremos explorar as diferentes técnicas de encapsulamento à nanoescala e o seu impacto na estabilidade, biodisponibilidade e eficácia dos óleos essenciais. Através da apresentação de estudos de casos e da análise de aplicações em domínios como a cosmética, a alimentação e a medicina, o nosso objetivo é proporcionar uma compreensão aprofundada das possibilidades oferecidas por esta sinergia.

O objetivo central é dar a conhecer aos leitores os recentes avanços neste campo multidisciplinar, ao mesmo tempo que se exploram as implicações éticas e ambientais da utilização da nanotecnologia na indústria dos óleos essenciais. Através de uma abordagem informativa e acessível, pretendemos esclarecer não só os profissionais de saúde e de investigação, mas também os entusiastas apaixonados pelos benefícios dos óleos essenciais.

Os óleos essenciais são mais do que meros agentes aromáticos; são um tesouro de compostos bioactivos com propriedades anti-sépticas, anti-inflamatórias e relaxantes. A sua utilização vai desde as práticas ancestrais de cura até às inovações contemporâneas nas indústrias cosmética, alimentar e farmacêutica. Do mesmo modo, a nanotecnologia, que funciona a uma escala invisível a olho nu, está a revolucionar os materiais e as aplicações em domínios tão diversos como a eletrónica, a medicina e o ambiente.

Esta convergência entre os óleos essenciais e as nanotecnologias abre horizontes inexplorados. As nanotecnologias permitem um encapsulamento mais eficaz dos compostos activos dos óleos essenciais, melhorando a sua estabilidade e facilitando a sua libertação controlada. Esta sinergia promete avanços significativos na criação de produtos mais sustentáveis, mais eficazes e mais adaptados às necessidades específicas de cada sector.

Este livro tem como objetivo ser uma ponte entre dois mundos aparentemente díspares mas intrinsecamente ligados. Ao explorar as sinergias entre os óleos essenciais e a nanotecnologia, esperamos inspirar novas e excitantes reflexões sobre o futuro destes dois campos e as potenciais inovações que podem oferecer coletivamente. Vamos mergulhar nesta excitante exploração da nanotecnologia no encapsulamento de óleos essenciais, onde a ciência encontra o aroma.

2. Noções básicas sobre os óleos essenciais

2.1. Definição de óleos essenciais

Os óleos essenciais, muitas vezes chamados "a alma da planta", são extractos naturais obtidos a partir de várias partes das plantas, como as folhas, as flores, os caules, as raízes e as cascas. Estes óleos caracterizam-se pela sua composição complexa, que inclui compostos voláteis como os terpenos, as cetonas, os álcoois e os ésteres. São estes compostos que conferem aos óleos essenciais os seus aromas característicos e as suas propriedades terapêuticas (Ríos, 2016).

Os óleos essenciais são extraídos por uma variedade de métodos, incluindo destilação a vapor, expressão a frio, maceração e extração de CO_2 (Aziz et al., 2018). Cada método de produção influencia a composição química e, consequentemente, as propriedades finais do óleo essencial

(Charles & Simon, 1990). Estes extractos concentrados têm sido utilizados há milénios pelos seus múltiplos benefícios, que vão desde a cura física à melhoria do humor (Mamadalieva et al., 2017).

2.2. Origem e extração

As origens dos óleos essenciais remontam à Antiguidade, quando as civilizações antigas exploravam as propriedades aromáticas e medicinais das plantas. Os egípcios utilizavam o incenso e a mirra em rituais religiosos (Mansour et al., 2020)enquanto os gregos e os romanos utilizavam óleos essenciais para massagens terapêuticas (Damian & Damian, 1995). O conhecimento da extração de óleos essenciais tem evoluído ao longo do tempo, desde métodos rudimentares a processos mais sofisticados (Chemat & Sawamura, 2010).

A destilação a vapor, a técnica predominante atualmente, foi aperfeiçoada ao longo da história árabe (Djilani & Dicko, 2012). Este método delicado consiste em separar os compostos voláteis das plantas por meio de vapor, seguido da sua condensação para obter o óleo essencial (Figura 1). A expressão a frio, utilizada principalmente para os citrinos, consiste em prensar mecanicamente a casca para libertar os óleos (Aydeniz-Guneser, 2020).

Figura 1. Imagem do alambique, inventado por Jabir Ibn Hayyan (El Mostain, 2022)

A extração de CO_2, um método mais moderno, utiliza dióxido de carbono supercrítico para extrair óleos essenciais sem alterar a sua composição química (De Oliveira et al., 2019).. Estes métodos variados dão origem a uma diversidade de óleos essenciais, cada um com as suas características únicas.

CO_2 Extração por fluido supercrítico (SFE)

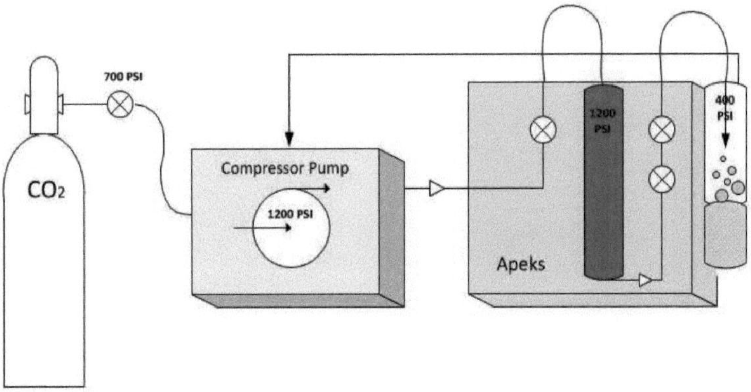

Figura 2. Diagrama esquemático de um extrator de CO_2 supercrítico

2.3. Propriedades terapêuticas

Há muito que os óleos essenciais são reconhecidos pelas suas propriedades terapêuticas. Os compostos presentes nestes óleos interagem com o corpo de várias formas, oferecendo benefícios que vão desde o alívio do stress à estimulação do sistema imunitário (Djilani & Dicko, 2012).

Os terpenos, por exemplo, são frequentemente responsáveis pelas propriedades anti-inflamatórias e antioxidantes dos óleos essenciais (Gonzalez-Burgos & Gomez-Serranillos, 2012; F. M. Marques et al., 2019).. Os óleos essenciais ricos em ésteres, como a lavanda, são apreciados pelas suas propriedades calmantes e relaxantes (Scimeca, 2006). Os óleos essenciais à base de fenol, como os orégãos, têm propriedades antibacterianas e antifúngicas (Laurain-Mattar et al., 2022).

É essencial notar que as propriedades terapêuticas dos óleos essenciais variam consoante a sua composição química (Lardry & Haberkorn, 2007). Por conseguinte, um conhecimento aprofundado de cada óleo é crucial para a sua utilização segura e eficaz.

2.4. Aplicações actuais

Atualmente, os óleos essenciais têm uma vasta gama de aplicações, abrangendo muitos aspectos da vida quotidiana. Na aromaterapia, os óleos essenciais são utilizados para influenciar o bem-estar emocional, promover o relaxamento e estimular a energia (Lardry & Haberkorn, 2007). Os difusores de óleos essenciais tornaram-se um acessório em muitas casas, criando atmosferas calmantes ou revigorantes.

No domínio da saúde, os óleos essenciais estão integrados em práticas como a fitoterapia, a naturopatia e a medicina tradicional (Ali et al., 2015). A sua utilização estende-se à gestão do stress, das dores de cabeça, dos distúrbios digestivos e até das infecções (Ali et al., 2015).

Na cosmética, os óleos essenciais conferem uma dimensão natural e terapêutica aos produtos de beleza e de cuidados da pele (Sarkic & Stappen, 2018). As suas propriedades antibacterianas e antioxidantes tornam-nos ingredientes valiosos em formulações de produtos capilares, loções e cremes (Sarkic & Stappen, 2018).

A indústria alimentar não fica atrás, uma vez que os óleos essenciais são utilizados para aromatizar alimentos, oferecendo alternativas naturais aos aromas artificiais. Além disso, a sua utilização na conservação de alimentos está a ser explorada para prolongar o prazo de validade dos produtos, preservando a sua frescura (Maurya et al., 2021).

Em suma, os óleos essenciais ocupam um lugar de eleição em muitos domínios da vida moderna. A sua versatilidade e propriedades terapêuticas fazem deles aliados inestimáveis, ligando um passado rico em tradições a um futuro em que a natureza continua a desempenhar um papel central. O resto desta viagem leva-nos à encruzilhada onde a nanotecnologia se encontra com a própria essência das plantas.

3. Fundamentos da nanotecnologia

3.1. Definição de Nanotecnologia

A nanotecnologia, um domínio à escala infinitesimal, explora e manipula a matéria em dimensões nanométricas, ou seja, de alguns nanómetros a várias centenas de nanómetros (Silva, 2004). Um nanómetro equivale a um bilionésimo de metro. Nesta escala, as propriedades físicas e químicas dos materiais podem diferir significativamente das observadas numa escala maior (Zerrougui & Amira, 2023). A nanotecnologia engloba a conceção, a manipulação e a utilização de estruturas e dispositivos à escala nanométrica para criar novos materiais e desenvolver aplicações inovadoras. (James, 2023).

3.2. Princípios básicos

Os princípios fundamentais da nanotecnologia baseiam-se na compreensão e na manipulação das propriedades dos materiais à escala nanométrica. Os fenómenos quânticos, como o tamanho quântico e a quantificação da energia, tornam-se dominantes a esta escala. As forças de superfície, a condutividade eletrónica e as propriedades magnéticas podem também diferir das dos materiais macroscópicos (James, 2023).

A nanotecnologia tira partido destes princípios para criar materiais e dispositivos com melhor desempenho. A capacidade de controlar a estrutura à escala atómica permite o desenvolvimento de novos materiais com propriedades únicas, abrindo caminho a avanços significativos em vários domínios (Dupuy & Roure, 2004).

3.3. Aplicações em vários sectores

A nanotecnologia tem amplas aplicações em vários sectores industriais, transformando a forma como concebemos e utilizamos os materiais (Khandve, 2014). Na indústria eletrónica, o fabrico de componentes nanométricos permitiu o desenvolvimento de dispositivos mais pequenos, mais rápidos e mais eficientes do ponto de vista energético (Pandey, 2022). Os nanomateriais são também utilizados na indústria dos revestimentos, proporcionando superfícies resistentes a riscos e manchas (Khanna, 2008).

No domínio da medicina, a nanotecnologia está a ser utilizada para conceber fármacos de libertação controlada para uma administração orientada no organismo (Venugopal et al., 2008). As nanopartículas podem ser funcionalizadas para atingir especificamente as células cancerosas, melhorando a eficácia do tratamento e reduzindo os efeitos secundários (Sinha et al., 2006).

A indústria energética também está a beneficiar da nanotecnologia, com aplicações no desenvolvimento de materiais para células solares mais eficientes, baterias de armazenamento de energia mais eficientes e catalisadores melhorados para a produção de energia (Deng et al., 2016).

3.4. Avanços recentes

Os recentes avanços na nanotecnologia alargaram consideravelmente o seu campo de aplicação. Técnicas avançadas de fabrico, como a litografia por feixe de electrões e a nanolitografia por imersão, permitem uma maior precisão na criação de estruturas nanométricas (Torres, 2003). Os nanomateriais, como os nanotubos de carbono e as nanopartículas metálicas, abrem novas possibilidades para o desenvolvimento de materiais mais leves, mais resistentes e mais condutores (Shoukat & Khan, 2021).

As nanotecnologias aplicadas à medicina registaram avanços significativos com o desenvolvimento de nanorrobôs capazes de atingir especificamente as células doentes (Cavalcanti & Freitas, 2005). Os domínios da medicina regenerativa e da terapia genética estão também a beneficiar dos avanços das nanotecnologias (Demirer et al., 2021)..

Em suma, a nanotecnologia está na vanguarda da inovação científica e tecnológica. Os progressos contínuos neste domínio prometem mudanças revolucionárias numa série de indústrias, desde a medicina à eletrónica e à energia. É neste contexto dinâmico que o encontro entre a nanotecnologia e os óleos essenciais abre perspectivas interessantes e possibilidades inovadoras. O resto deste livro explorará a fusão destes dois mundos à nanoescala, lançando as bases para uma nova era no encapsulamento de óleos essenciais.

4. Requisitos de encapsulamento de óleo essencial

4.1. Vulnerabilidade dos óleos essenciais

Apesar das suas muitas propriedades benéficas, os óleos essenciais têm uma certa vulnerabilidade que limita a sua utilização em determinadas aplicações. Estes compostos voláteis e sensíveis são susceptíveis a factores como a luz, o oxigénio, o calor e a humidade (Jugreet et al., 2020).. Estas condições ambientais podem alterar a composição química dos óleos essenciais, reduzindo a sua eficácia e qualidade.

A oxidação é um dos principais desafios que os óleos essenciais enfrentam. Quando expostos ao ar, podem sofrer reacções de oxidação que alteram as suas propriedades e geram compostos indesejáveis (Turek & Stintzing, 2013). Para além disso, a volatilidade dos óleos essenciais pode levar a uma rápida perda dos seus aromas característicos quando expostos ao ar ambiente.

4.2. Vantagens do encapsulamento

O encapsulamento oferece uma solução promissora para superar os desafios associados à vulnerabilidade dos óleos essenciais (El Asbahani et al., 2015). Este processo envolve o aprisionamento de moléculas de óleo essencial em estruturas encapsuladas, geralmente numa escala nanométrica. Estas cápsulas podem ser compostas por diferentes materiais, como lípidos, polímeros ou proteínas (Majeed et al., 2015).

Uma das principais vantagens do encapsulamento é a proteção que oferece contra os factores ambientais nocivos. As cápsulas actuam como uma barreira física, impedindo a exposição direta dos óleos essenciais ao oxigénio, à luz e a outros agentes externos. Isto prolonga a estabilidade e o prazo de validade dos óleos essenciais, preservando as suas propriedades intactas (Majeed et al., 2015).

4.3. Melhoria da estabilidade e da vida útil

O encapsulamento de óleos essenciais melhora significativamente a sua estabilidade e prazo de validade (Pandit et al., 2016). As cápsulas proporcionam proteção contra a oxidação, impedindo o contacto direto com o ar. Este facto minimiza a degradação dos compostos voláteis e mantém a qualidade dos óleos essenciais durante um período prolongado (Barradas & de Holanda e Silva, 2021).

Além disso, o encapsulamento oferece um controlo preciso da libertação dos compostos activos contidos nos óleos essenciais. Este controlo permite uma libertação gradual e controlada, optimizando a sua eficácia em diferentes aplicações (Pandit et al., 2016). Por exemplo, na indústria cosmética, o encapsulamento de óleos essenciais permite uma libertação regulada para uma absorção óptima pela pele, melhorando assim os benefícios terapêuticos e aromáticos (Silva-Flores et al., 2023).

Além disso, o encapsulamento oferece vantagens em termos de manuseamento e transporte de óleos essenciais. As cápsulas podem ser incorporadas numa variedade de formulações, tais como cremes, loções, cápsulas ou películas comestíveis, facilitando a sua utilização em vários produtos finais (Guzmán & Lucia, 2021).

Em conclusão, a necessidade de encapsulamento de óleos essenciais decorre da sua vulnerabilidade inerente às condições ambientais. O encapsulamento oferece uma solução inovadora ao proteger estes compostos preciosos, melhorando a sua estabilidade e prolongando o seu prazo de validade. Esta técnica abre novas possibilidades de aplicação numa variedade de sectores, desde a cosmética à alimentação, redefinindo a forma como colhemos os benefícios dos óleos essenciais. O resto deste livro irá explorar em pormenor as diferentes técnicas de encapsulamento à nanoescala e o seu impacto na eficácia dos óleos essenciais.

5. Técnicas de encapsulamento nanotecnológico

5.1. Nanopartículas e nanocápsulas

O encapsulamento nanotecnológico de óleos essenciais baseia-se em dois conceitos-chave: nanopartículas e nanocápsulas. As nanopartículas são estruturas sólidas à escala nanométrica, enquanto as nanocápsulas são estruturas ocas que contêm materiais activos, como os óleos essenciais. Estas duas abordagens oferecem vantagens distintas em termos de libertação controlada e de proteção dos compostos activos (Suffredini et al., 2013).

As nanopartículas sólidas podem ser compostas por vários materiais, como polímeros, lípidos ou proteínas. Estes materiais formam uma matriz sólida na qual as moléculas de óleo essencial podem ser incorporadas. As nanocápsulas, por outro lado, são frequentemente constituídas por um invólucro exterior que envolve um núcleo líquido que contém os óleos essenciais. Esta estrutura oferece uma proteção adicional, reduzindo a interação direta com o ambiente externo.

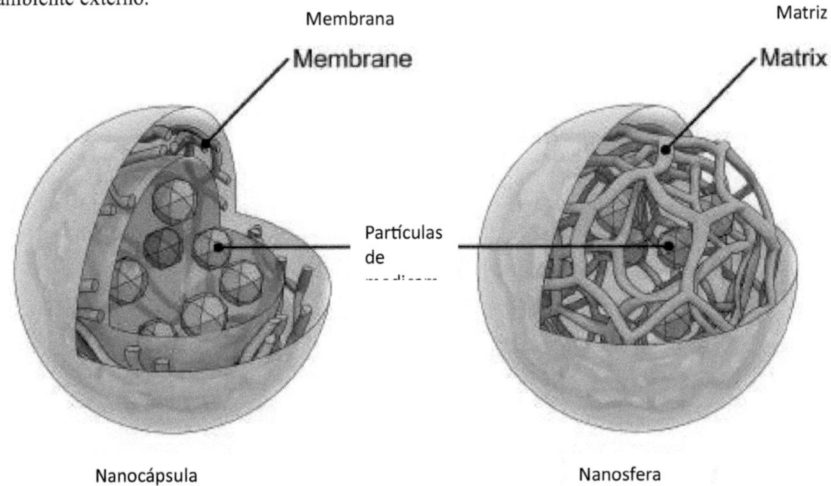

Figura 3. Representação esquemática da estrutura de uma nanocápsula e de uma nanoesfera (Suffredini et al., 2013)

5.2. Técnicas de fabrico

5.2.1. Nanoencapsulação de lípidos

A nanoencapsulação lipídica envolve a utilização de lípidos como vectores de encapsulação. Estes lípidos podem ser de origem natural, como os fosfolípidos extraídos da lecitina ou dos triglicéridos, ou sintéticos, como as nanopartículas lipídicas (Assadpour & Mahdi Jafari, 2019). Estes sistemas oferecem uma excelente solubilidade para os óleos essenciais, protegendo a sua delicada estrutura molecular. As nanoemulsões lipídicas, por exemplo, formam gotículas nanométricas estabilizadas por agentes emulsionantes, oferecendo uma melhor biodisponibilidade durante a administração.

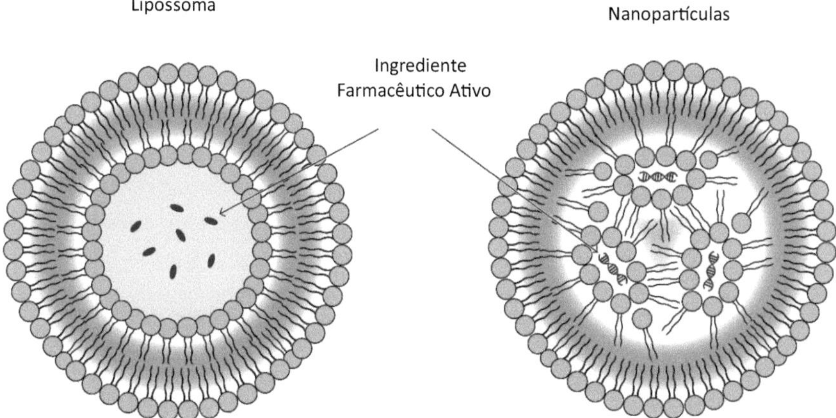

Figura 4. Representação esquemática da nanoencapsulação de lípidos

5.2.2. Nanoencapsulamento polimérico

Polímeros biocompatíveis, como o polietilenoglicol (PEG) ou nanopartículas de ácido poli-lático-co-glicólico (PLGA), são utilizados para encapsular óleos essenciais (Perinelli et al., 2019).. Estes polímeros formam partículas estáveis que protegem os óleos essenciais de influências externas e oferecem um controlo preciso da libertação. Este método é particularmente útil em aplicações médicas, onde a libertação prolongada e direccionada pode ser crucial.

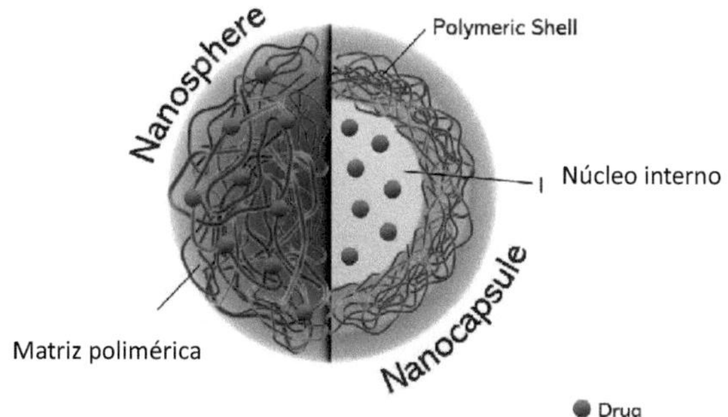

Figura 5. Representação esquemática do nanoencapsulamento polimérico (Gagliardi et al., 2021)

5.2.3. Nanoemulsão

A nanoemulsão é uma técnica que cria sistemas coloidais estáveis constituídos por pequenas gotículas de óleos essenciais dispersas numa fase aquosa. Os emulsionantes utilizados permitem que estas gotículas sejam mantidas a um tamanho nanométrico (Barradas & de Holanda e Silva, 2021). A nanoemulsificação melhora a solubilidade dos óleos essenciais em água, tornando-os mais versáteis para utilização numa variedade de formulações, desde produtos de higiene pessoal a medicamentos (Mustafa & Hussein, 2020).

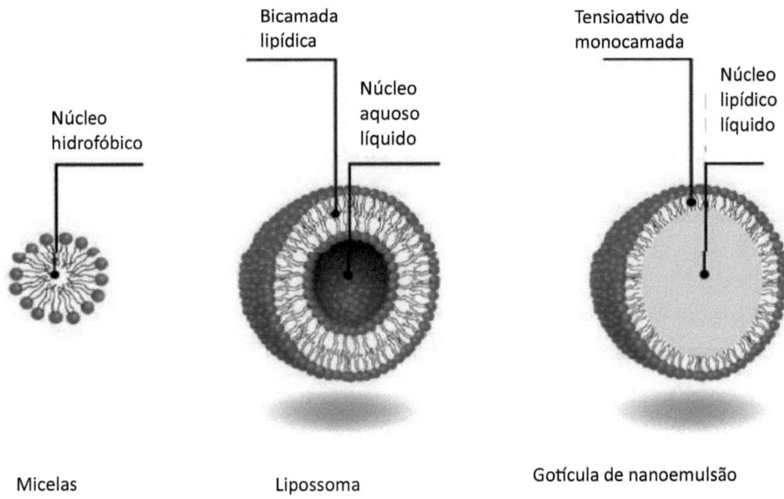

Figura 6. Representação esquemática da nanoemulsão (Mustafa & Hussein, 2020)

5.2.4. Ciclodextrinas

As ciclodextrinas são oligossacáridos toroidais que formam complexos de inclusão com óleos essenciais (Siva et al., 2020). Estes complexos oferecem uma proteção eficaz contra a oxidação e mascaram os odores indesejáveis, melhorando simultaneamente a solubilidade na água. As nanocápsulas formadas por ciclodextrinas são frequentemente utilizadas nas indústrias alimentar e farmacêutica para melhorar a estabilidade e a libertação controlada de ingredientes activos (Yuan et al., 2019).

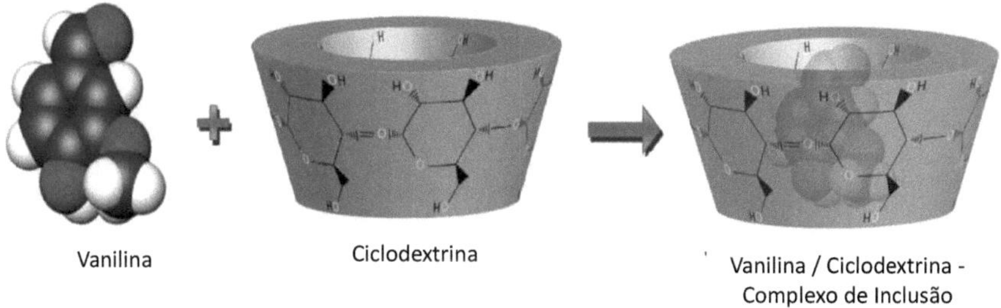

Figura 7. Representação esquemática da encapsulação de ciclodextrina (Kayaci & Uyar, 2011)

5.2.5. Nanoencapsulação por coacervação complexa

A coacervação complexa é uma técnica em que polímeros opostos se separam e formam um invólucro em torno da substância a ser encapsulada, criando microcápsulas ou nanopartículas (Timilsena et al., 2019). No caso dos óleos essenciais, este método cria um invólucro protetor em torno das moléculas voláteis, oferecendo proteção contra a oxidação, a degradação e as influências ambientais.

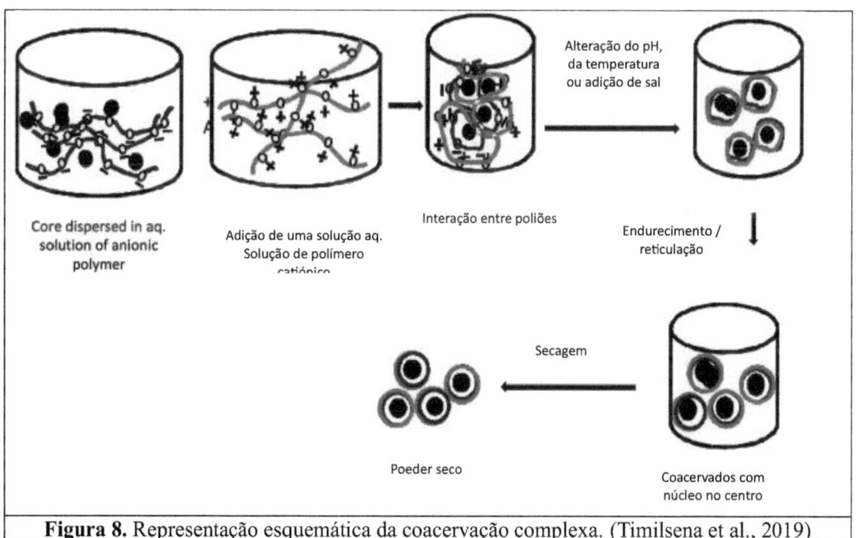

Figura 8. Representação esquemática da coacervação complexa. (Timilsena et al., 2019)

5.2.6. Nanoencapsulação por electrospinning

A electrospinning é um método em que um polímero líquido é esticado electrostaticamente para formar fibras ultrafinas (Wen et al., 2017). Os óleos essenciais podem ser encapsulados dentro destas fibras para criar estruturas de nanofibras. Esta abordagem permite a libertação controlada de óleos essenciais e oferece uma grande área de superfície específica, o que pode ser vantajoso em aplicações como dispositivos médicos ou pensos (Wen et al., 2017).

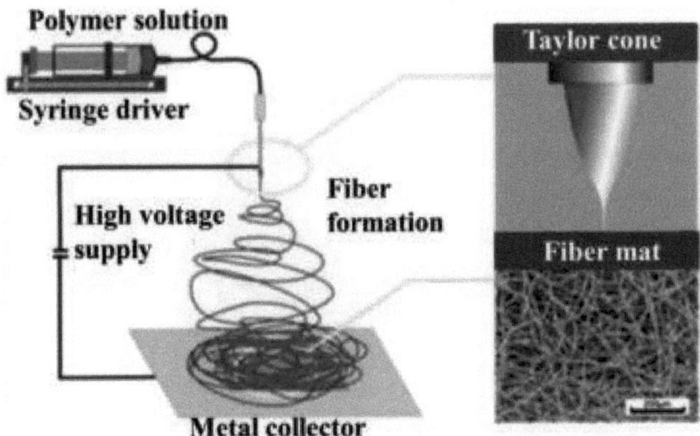

Figura 9. Representação esquemática da nanoencapsulação por electrospinning

5.2.7. Nanoencapsulação por extrusão

A extrusão é um método em que materiais fundidos ou líquidos são empurrados através de uma matriz para formar estruturas contínuas (Fangmeier et al., 2019). No contexto da nanoencapsulação de óleos essenciais, esta técnica pode ser usada para criar nanocápsulas usando polímeros termoplásticos. Os óleos essenciais são encapsulados nestas matrizes, oferecendo proteção contra a oxidação e libertação controlada.

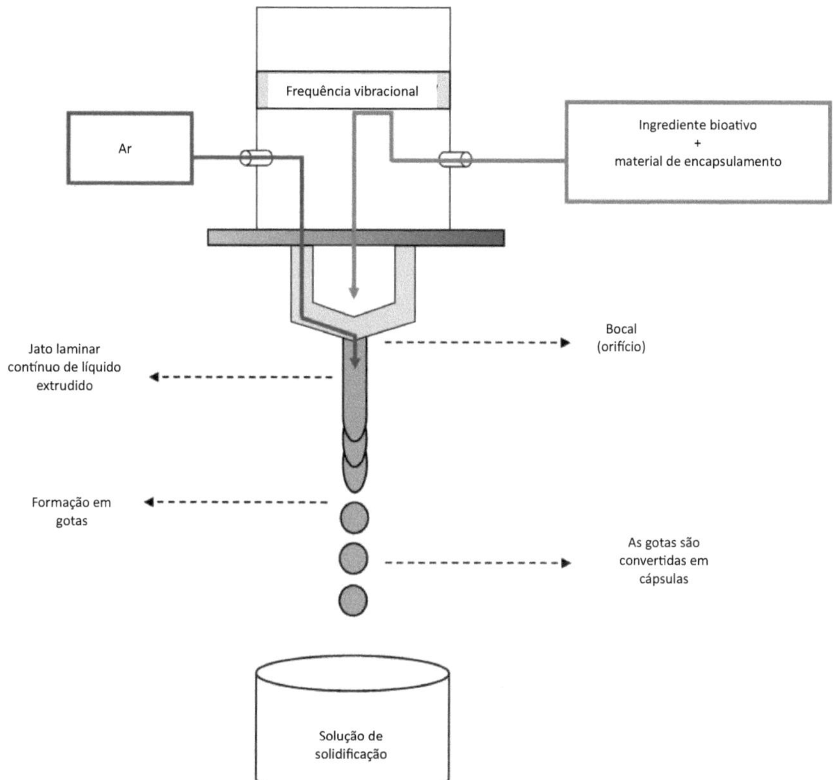

Figura 10. Representação esquemática da nanoencapsulação por extrusão (Fangmeier et al., 2019)

5.2.8. Nanoencapsulamento magnético

Os nanomateriais magnéticos, como as nanopartículas de ferro, podem ser utilizados para encapsular óleos essenciais. Estas nanopartículas magnéticas permitem o controlo externo da libertação de óleos essenciais através de um campo magnético (Miguel et al., 2020). Esta abordagem pode ser particularmente útil em aplicações médicas para atingir especificamente determinadas áreas do corpo.

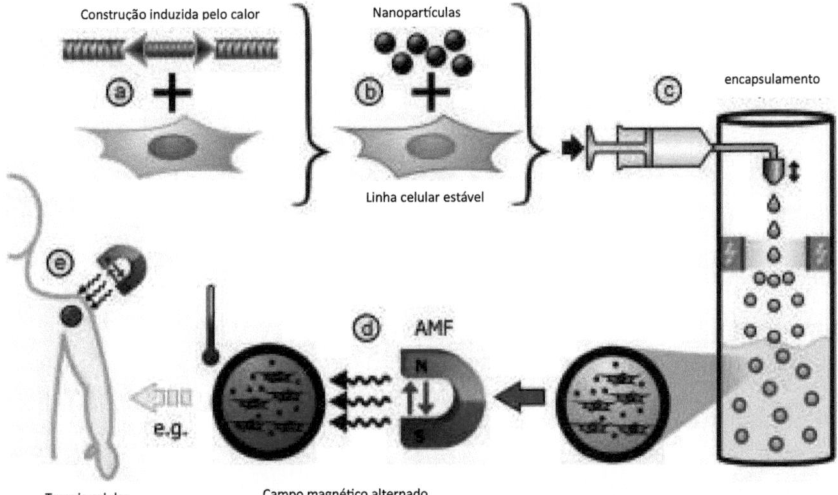

Figura 11. Expressão de genes controlada por campo magnético em células encapsuladas (Ortner et al., 2012)

Ao integrar estes vários métodos de nanoencapsulação, a investigação continua a explorar soluções inovadoras para melhorar a estabilidade, a biodisponibilidade e a eficácia dos óleos essenciais numa variedade de aplicações que vão desde a medicina e os cosméticos até aos produtos alimentares e farmacêuticos. Estas abordagens alargam o leque de possibilidades para explorar plenamente os benefícios dos óleos essenciais em contextos cada vez mais variados.

5.3. Escolha dos materiais de encapsulamento

A escolha dos materiais de encapsulamento é um aspeto crítico da conceção de sistemas nanotecnológicos. Os polímeros biodegradáveis, como o PLGA (polilactide-co-glycolide), são frequentemente utilizados devido à sua compatibilidade com aplicações médicas e cosméticas (Almeida et al., 2019). Os lípidos, como os fosfolípidos, são também candidatos populares devido à sua semelhança com as membranas celulares.

Os materiais de encapsulamento devem ser escolhidos de acordo com as propriedades desejadas, como a permeabilidade, a solubilidade e a estabilidade. Também é importante considerar a biocompatibilidade dos materiais, particularmente no contexto de aplicações médicas.

5.4. Factores que influenciam a eficácia

A eficácia do encapsulamento nanotecnológico de óleos essenciais é influenciada por vários factores (Majeed et al., 2015).O tamanho das partículas é crucial, uma vez que afecta a estabilidade, a biodisponibilidade e a libertação dos compostos activos. (Yun et al., 2021). As partículas mais pequenas permitem uma melhor penetração nos tecidos, o que é particularmente importante em aplicações médicas e cosméticas.

A carga superficial das nanopartículas pode também influenciar a sua interação com o ambiente biológico. Uma carga superficial modificada pode melhorar a estabilidade coloidal e a distribuição das partículas nas formulações (Merino et al., 2019).

Além disso, o método de fabrico utilizado, bem como as condições de armazenamento, podem afetar a qualidade do encapsulamento. As interacções entre os materiais de encapsulamento e os óleos essenciais devem ser cuidadosamente estudadas para garantir um encapsulamento eficaz e duradouro.

Em resumo, as técnicas de encapsulamento nanotecnológico oferecem uma abordagem promissora para ultrapassar os desafios associados à vulnerabilidade dos óleos essenciais. A escolha cuidadosa dos materiais e dos métodos de fabrico, bem como a compreensão dos factores que influenciam a eficácia, são essenciais para explorar plenamente o potencial desta tecnologia para preservar e otimizar as propriedades dos óleos essenciais à nanoescala. A próxima secção deste livro irá explorar em profundidade as aplicações específicas desta abordagem inovadora na indústria cosmética.

6. Aplicações na indústria cosmética

6.1. Melhor penetração na pele

O encapsulamento nanotecnológico de óleos essenciais revolucionou a indústria cosmética, melhorando significativamente a penetração cutânea destes preciosos compostos (Yun et al., 2021). As nanocápsulas e nanopartículas permitem uma libertação controlada dos óleos essenciais, promovendo uma absorção mais profunda nas camadas da pele. Esta maior capacidade de penetração na pele oferece vantagens consideráveis no fornecimento de ingredientes activos diretamente para onde são necessários (Carvalho et al., 2016).

As formulações nanotecnológicas permitem igualmente contornar as barreiras cutâneas tradicionais, como o estrato córneo, facilitando a difusão dos óleos essenciais através das membranas celulares. Isto abre caminho a produtos cosméticos mais eficazes, maximizando a biodisponibilidade dos compostos activos (Cimino et al., 2021).

6.2. Propriedades anti-envelhecimento

Na indústria cosmética, a encapsulação nanotecnológica de óleos essenciais oferece propriedades anti-envelhecimento muito procuradas (Salem et al., 2022). Os compostos bioactivos presentes em certos óleos essenciais, como os antioxidantes, ajudam a combater os sinais de envelhecimento da pele.

As nanocápsulas protegem eficazmente estes compostos da oxidação e das interacções com outros ingredientes cosméticos. Encapsulados desta forma, os óleos essenciais anti-envelhecimento podem ser incorporados em fórmulas específicas para combater as rugas, a perda de elasticidade e os danos causados pelos radicais livres (Lohani & Verma, 2022).

Em resumo, a encapsulação nanotecnológica de óleos essenciais transformou profundamente a indústria cosmética, oferecendo soluções inovadoras para combater os sinais de envelhecimento e melhorar a qualidade dos produtos. Os benefícios de uma melhor penetração na pele e as propriedades anti-envelhecimento atestam o potencial revolucionário desta tecnologia no domínio da beleza e do bem-estar. A secção seguinte explorará as aplicações na indústria alimentar, demonstrando a diversidade de benefícios do encapsulamento nanotecnológico de óleos essenciais.

7. Aplicações na indústria alimentar

7.1. Estabilização do sabor

O encapsulamento nanotecnológico de óleos essenciais está a encontrar aplicações promissoras na indústria alimentar, nomeadamente para a estabilização do sabor (Gupta et al., 2016). Os óleos essenciais, ricos em compostos aromáticos voláteis, podem ser sensíveis às condições ambientais, levando à degradação dos seus aromas característicos.

Ao encapsular estes óleos essenciais a uma escala nanométrica, é possível proteger os compostos aromáticos de factores externos como o oxigénio, a luz e a humidade. Este encapsulamento preserva a integridade dos aromas, garantindo estabilidade a longo prazo e libertação controlada quando utilizados em produtos alimentares. (H. M. C. Marques, 2010).

7.2. Biodisponibilidade melhorada

Na indústria alimentar, o encapsulamento nanotecnológico de óleos essenciais também oferece vantagens em termos de biodisponibilidade melhorada (Delshadi et al., 2020). As nanopartículas e nanocápsulas facilitam a dispersão homogénea dos óleos essenciais em matrizes alimentares, assegurando uma distribuição uniforme dos compostos activos.

Esta melhoria na biodisponibilidade traduz-se numa absorção mais eficiente dos óleos essenciais pelo organismo durante o consumo de alimentos. Por exemplo, em produtos de pastelaria ou bebidas, o encapsulamento nanotecnológico pode promover a libertação gradual de aromas e compostos bioactivos durante a digestão, maximizando os seus efeitos benéficos (Ozdal et al., 2020).

7.3. Exemplos de alimentos encapsulados

O encapsulamento nanotecnológico de óleos essenciais abriu novas possibilidades na criação de alimentos inovadores e funcionais. Exemplos notáveis incluem cápsulas de aromas encapsuladas em produtos de confeitaria, como doces e gomas de mascar (Santos et al., 2014). Estas cápsulas libertam lentamente os aromas durante a mastigação, proporcionando uma experiência sensorial melhorada (Santos et al., 2014).

Os produtos lácteos, como os iogurtes e as sobremesas, podem também beneficiar do encapsulamento nanotecnológico para melhorar a estabilidade do sabor e assegurar a libertação gradual ao longo do consumo (Bylaitė et al., 2001). Além disso, as bebidas aromatizadas, os condimentos e os aperitivos podem incorporar esta tecnologia para oferecer perfis de sabor mais duradouros e uma melhor experiência gustativa.

A utilização de óleos essenciais encapsulados nos alimentos não só preserva a frescura dos sabores, como também permite explorar novas dimensões da criação culinária. Os consumidores podem desfrutar de produtos alimentares mais saborosos e inovadores, beneficiando simultaneamente das propriedades funcionais dos óleos essenciais (Mishra et al., 2020).

Em conclusão, o encapsulamento nanotecnológico de óleos essenciais transformou a indústria alimentar, oferecendo soluções inovadoras para estabilizar os aromas e melhorar a biodisponibilidade dos compostos activos. Exemplos de alimentos encapsulados demonstram o potencial desta tecnologia para criar produtos alimentares mais apelativos, sensorialmente ricos e funcionalmente melhorados. A secção seguinte examinará as implicações éticas e ambientais da utilização da nanotecnologia no encapsulamento de óleos essenciais.

8. Aplicações em medicina

8.1. Administração de medicamentos

O encapsulamento nanotecnológico de óleos essenciais abriu novas perspetivas para a administração de medicamentos (Gagliardi et al., 2021). As nanocápsulas e nanopartículas oferecem um meio eficaz de transportar compostos terapêuticos para locais específicos do corpo. Esta abordagem, frequentemente designada por drug delivery, permite a libertação controlada e orientada de substâncias activas (Gagliardi et al., 2021).

Devido às suas propriedades antimicrobianas, anti-inflamatórias e antioxidantes, os óleos essenciais podem ser encapsulados para utilização no tratamento de uma variedade de condições. Por exemplo, os óleos essenciais encapsulados podem ser aplicados no tratamento de doenças de pele, inflamação local ou mesmo aplicações anti-cancro (Cimino et al., 2021).

8.2. Tratamento direcionado

O encapsulamento nanotecnológico de óleos essenciais oferece a possibilidade de atingir especificamente as áreas afectadas do corpo. Isto é particularmente importante no tratamento do cancro, onde a administração precisa de medicamentos é crucial para minimizar os efeitos secundários nos tecidos saudáveis (Ojha & Mishra, 2023).

As nanopartículas podem ser concebidas para terem uma afinidade específica com as células cancerígenas, facilitando a administração selectiva de óleos essenciais anticancerígenos. Esta abordagem melhora a eficácia do tratamento, reduzindo simultaneamente os danos colaterais nos tecidos saudáveis.

8.3. Aplicações em medicina alternativa

A utilização de óleos essenciais encapsulados está também a encontrar o seu lugar no domínio da medicina alternativa, onde as abordagens naturais são cada vez mais procuradas. As propriedades terapêuticas dos óleos essenciais, como os seus efeitos calmantes, analgésicos e anti-inflamatórios, podem ser exploradas com maior precisão graças ao encapsulamento nanotecnológico (Mehta & MacGillivray, 2022).

Por exemplo, na aromaterapia médica, os óleos essenciais encapsulados podem ser utilizados para tratar perturbações específicas, como o stress, a ansiedade ou perturbações do sono. A libertação controlada de compostos activos permite que os seus efeitos benéficos sejam difundidos durante um longo período, oferecendo soluções alternativas para melhorar o bem-estar mental e físico.

Em resumo, o encapsulamento nanotecnológico de óleos essenciais tem aplicações importantes no domínio da medicina. Desde a administração de medicamentos até à medicina alternativa, esta abordagem oferece soluções inovadoras para melhorar a eficácia dos tratamentos, minimizando os efeitos adversos. A próxima secção explorará as considerações éticas e os potenciais desafios associados à utilização da nanotecnologia no domínio da medicina.

9. Impacto ambiental

9.1. Ecotoxicidade dos nanomateriais

A utilização crescente da nanotecnologia suscita preocupações quanto à potencial ecotoxicidade dos nanomateriais, incluindo os utilizados no encapsulamento de óleos essenciais (Karabasz et al., 2019; Tian et al., 2017). As nanopartículas podem representar riscos para o ambiente, nomeadamente quando libertadas nas águas residuais ou no solo.

Estão em curso estudos para avaliar os efeitos dos nanomateriais nos ecossistemas aquáticos e terrestres (Lopes et al., 2017). É fundamental compreender a forma como estas nanopartículas interagem com os organismos vivos, sejam eles microorganismos, plantas ou animais. A monitorização ambiental e a investigação contínua são essenciais para minimizar os potenciais impactos negativos e garantir uma utilização responsável da nanotecnologia (Figueiredo et al., 2019).

9.2. Abordagens sustentáveis da nanotecnologia

Em resposta às preocupações ambientais, os investigadores e a indústria estão a explorar abordagens sustentáveis à nanotecnologia. Isto inclui o desenvolvimento de nanomateriais biodegradáveis e amigos do ambiente. Estão também a ser feitos esforços para conceber processos de fabrico mais limpos e mais eficientes do ponto de vista energético, reduzindo assim a pegada ambiental global da nanotecnologia (Jafari et al., 2017).

A conceção de nanomateriais que minimizem os riscos potenciais, maximizando simultaneamente os seus benefícios, é uma prioridade. A investigação aprofundada sobre a sustentabilidade dos nanomateriais e dos processos associados está a ajudar a orientar a indústria para práticas mais responsáveis do ponto de vista ambiental.

9.3. Considerações éticas

Os avanços na nanotecnologia também levantam considerações éticas importantes. A utilização de nanomateriais, nomeadamente no encapsulamento de óleos essenciais, exige uma reflexão sobre as implicações éticas desta tecnologia.

É essencial garantir a segurança dos consumidores, dos trabalhadores da indústria e do ambiente no desenvolvimento e utilização de produtos nanotecnológicos. Tal implica uma maior transparência, uma avaliação rigorosa dos riscos e a introdução de regulamentação adequada para reger esta tecnologia emergente.

Além disso, é importante ter em conta as questões de justiça social, garantindo que os benefícios das nanotecnologias sejam distribuídos de forma justa e que a sua utilização não agrave as desigualdades existentes.

Em conclusão, os impactos ambientais da nanotecnologia, incluindo no domínio do encapsulamento de óleos essenciais, exigem uma gestão cuidadosa. As abordagens sustentáveis e as considerações éticas são essenciais para garantir que os benefícios da nanotecnologia não comprometam a saúde do planeta nem criem injustiças sociais. A próxima secção explorará as perspectivas futuras do encapsulamento nanotecnológico de óleos essenciais, destacando os desafios e as oportunidades que se avizinham.

10. Perspectivas futuras

10.1. Investigação em curso

A investigação em curso sobre o encapsulamento nanotecnológico de óleos essenciais está a explorar muitas vias interessantes. Os cientistas estão a trabalhar para melhorar as técnicas de encapsulamento, concentrando-se na precisão e estabilidade das nanopartículas. Estudos aprofundados estão também a examinar as interacções entre os nanomateriais e os compostos activos dos óleos essenciais, com o objetivo de otimizar a libertação controlada para aplicações específicas.

Os avanços na caraterização dos nanomateriais e na compreensão dos mecanismos de libertação estão a ajudar a aperfeiçoar as formulações, abrindo caminho a aplicações mais precisas e eficazes.

10.2. Inovações esperadas

As futuras inovações no domínio da encapsulação nanotecnológica de óleos essenciais deverão incluir melhorias significativas na conceção dos nanomateriais e nos métodos de fabrico. A possibilidade de criar nanocápsulas mais pequenas, mais estáveis e que ofereçam uma libertação ainda mais controlada abrirá novas perspectivas de aplicação.

As inovações na escolha dos materiais de encapsulamento poderiam também conduzir a soluções mais sustentáveis, biodegradáveis e respeitadoras do ambiente. A integração de tecnologias emergentes, como a inteligência artificial e a modelização informática, poderá acelerar o processo de conceção e otimização das formulações.

A exploração de novas sinergias entre a nanotecnologia e outros domínios, como a biologia sintética ou a medicina regenerativa, poderá também conduzir a aplicações inovadoras, transformando a forma como utilizamos os óleos essenciais a uma escala nanométrica.

10.3. Potencial de crescimento

O potencial de crescimento do encapsulamento nanotecnológico de óleos essenciais é imenso. Com a crescente procura de produtos mais eficazes, sustentáveis e amigos do ambiente, esta tecnologia oferece soluções para uma vasta gama de sectores, incluindo a cosmética, a alimentação e a medicina.

O crescimento futuro poderá também ser alimentado por uma melhor compreensão dos benefícios terapêuticos dos óleos essenciais à escala nanométrica, abrindo caminho a aplicações médicas mais específicas e personalizadas.

A colaboração entre a investigação académica, a indústria e as entidades reguladoras será crucial se quisermos explorar todo o potencial de crescimento desta tecnologia, garantindo simultaneamente a segurança e a sustentabilidade da sua utilização.

Em conclusão, as perspectivas futuras do encapsulamento nanotecnológico de óleos essenciais são prometedoras. A investigação em curso, as inovações esperadas e o potencial de crescimento abrem caminho a uma nova era de aplicações e benefícios em vários domínios, fazendo desta tecnologia um motor essencial da inovação nos próximos anos.

11. Conclusão

11.1. Resumo dos pontos principais

Esta exploração aprofundada do encapsulamento nanotecnológico de óleos essenciais destacou vários aspectos fundamentais desta tecnologia inovadora. Começámos com uma introdução aprofundada, destacando a importância dos óleos essenciais e da nanotecnologia em vários domínios.

Ao explorar os fundamentos dos óleos essenciais, definimos a sua origem, extração, propriedades terapêuticas e aplicações actuais. A compreensão destes fundamentos lançou as bases para a compreensão dos desafios associados à sua vulnerabilidade às condições ambientais.

Em seguida, analisámos a necessidade de encapsular os óleos essenciais, salientando a vulnerabilidade destes compostos e os benefícios cruciais do encapsulamento, incluindo a melhoria da estabilidade e do prazo de validade.

A secção sobre as técnicas de encapsulamento nanotecnológico descreve em pormenor as diferentes abordagens, desde as nanopartículas às técnicas de fabrico, incluindo a escolha dos materiais de encapsulamento e os factores que influenciam a eficácia.

Aplicações específicas nas indústrias cosmética e alimentar ilustraram o potencial transformador do encapsulamento nanotecnológico de óleos essenciais, seja para melhorar a penetração na pele, oferecer propriedades anti-envelhecimento ou estabilizar os aromas alimentares.

Em seguida, abordámos as implicações ambientais, destacando os desafios associados à ecotoxicidade dos nanomateriais e sublinhando as abordagens sustentáveis da nanotecnologia. Foram também destacadas considerações éticas, sublinhando a necessidade de uma utilização responsável desta tecnologia.

Por último, as perspectivas futuras destacaram a investigação atual, as inovações esperadas e o forte potencial de crescimento do encapsulamento nanotecnológico de óleos essenciais nos próximos anos.

11.2. Perspectivas para o futuro

O encapsulamento nanotecnológico de óleos essenciais representa uma fronteira excitante da ciência e da tecnologia. À medida que continuamos a explorar novas vias, a investigação aprofundada e as colaborações multidisciplinares serão cruciais para maximizar os benefícios desta tecnologia e, ao mesmo tempo, mitigar os riscos potenciais.

As inovações futuras poderão transformar a forma como formulamos cosméticos, desenvolvemos produtos alimentares e fornecemos medicamentos. Os avanços na sustentabilidade dos nanomateriais e uma compreensão detalhada das interacções com os compostos activos dos óleos essenciais abrirão caminho a aplicações ainda mais precisas e eficazes.

É essencial estar atento às implicações éticas e ambientais, assegurando que esta tecnologia contribua positivamente para a sociedade, minimizando os riscos potenciais.

Em conclusão, o encapsulamento nanotecnológico de óleos essenciais oferece um potencial considerável para melhorar significativamente a nossa vida quotidiana. À medida que esta tecnologia evolui, continuará a moldar o futuro das indústrias cosmética, alimentar e médica, trazendo soluções inovadoras e benefícios sustentáveis. O caminho a percorrer parece excitante, e a investigação em curso nesta área promete abrir novas perspectivas e oportunidades.

Referências

Ali, B., Al-Wabel, N. A., Shams, S., Ahamad, A., Khan, S. A., & Anwar, F. (2015). Óleos essenciais utilizados na aromaterapia: uma revisão sistémica. *Asian Pacific Journal of Tropical Biomedicine*, *5*(8), 601-611.

Almeida, K. B., Ramos, A. S., Nunes, J. B. B., Silva, B. O., Ferraz, E. R. A., Fernandes, A. S., Felzenszwalb, I., Amaral, A. C. F., Roullin, V. G., & Falcão, D. Q. (2019). Nanopartículas de PLGA otimizadas por Box-Behnken para encapsulamento eficiente do óleo essencial terapêutico de Cymbopogon citratus. *Colloids and Surfaces B: Biointerfaces*, *181*, 935-942. https://doi.org/10.1016/j.colsurfb.2019.06.010

Assadpour, E., & Mahdi Jafari, S. (2019). Uma revisão sistemática sobre a nanoencapsulação de ingredientes bioativos alimentares e nutracêuticos por vários nanocarreadores. *Revisões críticas em ciência e nutrição de alimentos*, *59*(19), 3129-3151. https://doi.org/10.1080/10408398.2018.1484687

Aydeniz-Guneser, B. (2020). Óleo de laranja (Citrus sinensis) prensado a frio. Em *Cold Pressed Oils* (p. 129-146). Elsevier.

Aziz, Z. A., Ahmad, A., Setapar, S. H. M., Karakucuk, A., Azim, M. M., Lokhat, D., Rafatullah, M., Ganash, M., Kamal, M. A., & Ashraf, G. M. (2018). Óleos essenciais: Técnicas de extração, potencial farmacêutico e terapêutico - uma revisão. *Metabolismo atual da droga*, *19*(13), 1100-1110.

Barradas, T. N., & de Holanda e Silva, K. G. (2021). Nanoemulsões de óleos essenciais para melhorar a solubilidade, estabilidade e permeabilidade: Uma revisão. *Environmental Chemistry Letters*, *19*(2), 1153-1171. https://doi.org/10.1007/s10311-020-01142-2

Bylaitë, E., Rimantas Venskutonis, P., & Maþdþierienë, R. (2001). Propriedades do óleo essencial de cominho (Carum carvi L.) encapsulado em matrizes à base de proteínas do leite. *European Food Research and Technology*, *212*(6), 661-670. https://doi.org/10.1007/s002170100297

Carvalho, I. T., Estevinho, B. N., & Santos, L. (2016). Aplicação de óleos essenciais microencapsulados em produtos cosméticos e de saúde pessoal - uma revisão. *International Journal of Cosmetic Science*, *38*(2), 109-119. https://doi.org/10.1111/ics.12232

Cavalcanti, A., & Freitas, R. A. (2005). Projeto de controle de nanorrobótica: uma abordagem de comportamento coletivo para a medicina. *IEEE Transactions on Nanobioscience*, *4*(2), 133-140.

Charles, D. J., & Simon, J. E. (1990). Comparação de métodos de extração para a determinação rápida do teor e composição do óleo essencial de manjericão. *Journal of the American Society for Horticultural Science*, *115*(3), 458-462.

Chemat, F., & Sawamura, M. (2010). Técnicas de extração de óleo. *Citrus essential oils: Flavor and fragrance*, 9-36.

Cimino, C., Maurel, O. M., Musumeci, T., Bonaccorso, A., Drago, F., Souto, E. M. B., Pignatello, R., & Carbone, C. (2021). Óleos essenciais: aplicações farmacêuticas e estratégias de encapsulamento em sistemas de entrega à base de lipídios. *Farmacêutica*, *13*(3), Artigo 3. https://doi.org/10.3390/pharmaceutics13030327

Damian, P., & Damian, K. (1995). *Aromaterapia: cheiro e psique: Usando óleos essenciais para o bem-estar físico e emocional*. Inner Traditions/Bear & Co.

De Oliveira, M. S., Silva, S. G., da Cruz, J. N., Ortiz, E., da Costa, W. A., Bezerra, F. W. F., Cunha, V., Cordeiro, R., de Jesus Chaves Neto, A., & de Aguiar Andrade, E. (2019). Aplicação de CO2 supercrítico na extração de óleos essenciais. *Aplicações Industriais de Solventes Verdes*, *2*, 1-28.

Delshadi, R., Bahrami, A., Tafti, A. G., Barba, F. J., & Williams, L. L. (2020). Micro e nanoencapsulação de óleos vegetais e essenciais para desenvolver produtos alimentares funcionais com perfis nutricionais melhorados. *Tendências em Ciência e Tecnologia Alimentar*, *104*, 72-83. https://doi.org/10.1016/j.tifs.2020.07.004

Demirer, G. S., Silva, T. N., Jackson, C. T., Thomas, J. B., W. Ehrhardt, D., Rhee, S. Y., Mortimer, J. C., & Landry, M. P. (2021). Nanotecnologia para avançar a engenharia genética de plantas CRISPR-Cas. *Nature Nanotechnology*, *16*(3), 243-250.

Deng, J., Lu, X., Liu, L., Zhang, L., & Schmidt, O. G. (2016). Introduzindo nanotecnologia enrolada para dispositivos avançados de armazenamento de energia. *Advanced Energy Materials*, *6*(23), 1600797.

Djilani, A., & Dicko, A. (2012). Os benefícios terapêuticos dos óleos essenciais. *Nutrição, bem-estar e saúde*, *7*, 155-179.

Dupuy, J.-P., & Roure, F. (2004). As nanotecnologias: Ética e perspetiva industrial. *Conselho Geral das Minas e Conselho Geral das Tecnologias da Informação*.

El Asbahani, A., Miladi, K., Badri, W., Sala, M., Addi, E. A., Casabianca, H., El Mousadik, A., Hartmann, D., Jilale, A., & Renaud, F. (2015). Óleos essenciais: da extração ao encapsulamento. *Revista Internacional de Farmácia*, *483*(1-2), 220-243.

El Mostain, A. (2022). Et l'alambic créa l'eau de vie. Retour sur l'histoire technique de l'alambic. *e-Phaïstos. Revue d'histoire des techniques/Journal of the history of technology*, *X-1*.

Fangmeier, M., Lehn, D., Jachetti Maciel, M., & Souza, C. (2019). Encapsulamento de Ingredientes Bioativos por Extrusão com Tecnologia Vibratória: Vantagens e Desafios. *Tecnologia de Alimentos e Bioprocessos*, *12*, 1-15. https://doi.org/10.1007/s11947-019-02326-7

Figueiredo, J., Oliveira, T., Ferreira, V., Sushkova, A., Silva, S., Carneiro, D., Cardoso, D. N., Gonçalves, S. F., Maia, F., Rocha, C., Tedim, J., Loureiro, S., & Martins, R. (2019). Toxicidade de soluções inovadoras anti-incrustantes à base de nano para espécies marinhas. *Environmental Science: Nano*, *6*(5), 1418-1429. https://doi.org/10.1039/C9EN00011A

Gagliardi, A., Giuliano, E., Venkateswararao, E., Fresta, M., Bulotta, S., Awasthi, V., & Cosco, D. (2021). Nanopartículas poliméricas biodegradáveis para entrega de medicamentos a tumores sólidos. *Frontiers in Pharmacology*, *12*, 601626. https://doi.org/10.3389/fphar.2021.601626

Gonzalez-Burgos, E., & Gomez-Serranillos, M. (2012). Compostos de terpeno na natureza: uma revisão de sua potencial atividade antioxidante. *Química medicinal atual*, *19*(31), 5319-5341.

Gupta, S., Khan, S., Muzafar, M., Kushwaha, M., Yadav, A. K., & Gupta, A. P. (2016). 6 - Encapsulamento: Envolvimento de óleo essencial/sabores/aromas em alimentos. In A. M. Grumezescu (Ed.), *Encapsulations* (pp. 229-268). Academic Press. https://doi.org/10.1016/B978-0-12-804307-3.00006-5

Guzmán, E., & Lucia, A. (2021). Óleos essenciais e seus componentes individuais em produtos cosméticos. *Cosmetics*, *8*(4), Artigo 4. https://doi.org/10.3390/cosmetics8040114

Jafari, S. M., Katouzian, I., & Akhavan, S. (2017). 15-Segurança e questões regulatórias de nanocápsulas. Em S. M. Jafari (Ed.), *Tecnologias de nanoencapsulação para as indústrias de alimentos e nutracêuticos* (pp. 545-590). Academic Press. https://doi.org/10.1016/B978-0-12-809436-5.00015-X

James, G. (2023). *Introdução à nanotecnologia*. Escola de Mistério Gilad James.

Jugreet, B. S., Suroowan, S., Rengasamy, R. K., & Mahomoodally, M. F. (2020). Química, bioactividades, modo de ação e aplicações industriais de óleos essenciais. *Tendências em Ciência e Tecnologia Alimentar*, *101*, 89-105.

Karabasz, A., Szczepanowicz, K., Cierniak, A., Mezyk-Kopec, R., Dyduch, G., Szczęch, M., Bereta, J., & Bzowska, M. (2019). Estudos in vivo sobre Farmacocinética, Toxicidade e Imunogenicidade de Nanocápsulas de Polieletrólito Funcionalizadas com Dois Polímeros Diferentes: Ácido Poli-L-Glutâmico ou PEG. *International Journal of Nanomedicine*, *14*, 9587-9602. https://doi.org/10.2147/IJN.S230865

Kayaci, F., & Uyar, T. (2011). Complexos de Inclusão Sólida de Vanilina com Ciclodextrinas: A sua Formação, Caracterização e Estabilidade a Altas Temperaturas. *Journal of Agricultural and Food Chemistry*, *59*(21), 11772-11778. https://doi.org/10.1021/jf202915c

Khandve, P. (2014). Nanotecnologia para material de construção. *Revista Internacional de Investigação Básica e Aplicada*, *4*, 146-151.

Khanna, A. (2008). Nanotecnologia em revestimentos de tinta de alto desempenho. *Asian J. Exp. Sci*, *21*(2), 25-32.

Lardry, J.-M., & Haberkorn, V. (2007). Aromaterapia e óleos essenciais. *Kinésithérapie, la revue*, *7*(61), 14-17.

Laurain-Mattar, D., Couic-Marinier, F., & Aribi-Zouioueche, L. (2022). Huile essentielle d'Origan vulgaire. *Actualités Pharmaceutiques*, *61*(619), 57-59.

Lohani, A., & Verma, A. (2022). 6 - Vesículas lipídicas: potenciais nanocarreadores para a entrega de óleos essenciais para combater o envelhecimento da pele. Em S. H. Mohd Setapar, A. Ahmad, & M.

Jawaid (Eds.), *Nanotechnology for the Preparation of Cosmetics Using Plant-Based Extracts* (pp. 131-156). Elsevier. https://doi.org/10.1016/B978-0-12-822967-5.00006-0

Lopes, L. Q. S., Santos, C. G., de Almeida Vaucher, R., Raffin, R. P., da Silva, A. S., Baretta, D., Maccari, A. P., Giombelli, L. C. D. D., Volpato, A., Arruda, J., de Ávila Scheeren, C., Baldisserotto, B., & Santos, R. C. V. (2017). Ecotoxicologia de nanocápsulas de monolaurato de glicerol. *Ecotoxicologia e Segurança Ambiental, 139*, 73-77. https://doi.org/10.1016/j.ecoenv.2017.01.019

Majeed, H., Bian, Y.-Y., Ali, B., Jamil, A., Majeed, U., Khan, Q. F., Iqbal, K. J., Shoemaker, C. F., & Fang, Z. (2015). Encapsulamentos de óleo essencial: usos, procedimentos e tendências. *Rsc Advances, 5*(72), 58449-58463.

Mamadalieva, N. Z., Akramov, D. K., Ovidi, E., Tiezzi, A., Nahar, L., Azimova, S. S., & Sarker, S. D. (2017). Plantas medicinais aromáticas da família Lamiaceae do Uzbequistão: Etnofarmacologia, composição de óleos essenciais e atividades biológicas. *Medicamentos, 4*(1), 8.

Mansour, M. M., El-Hefny, M., Salem, M. Z., & Ali, H. M. (2020). A atividade biofungicida de alguns óleos essenciais de plantas para a produção mais limpa de fibras de linho modelo semelhantes às usadas na mumificação egípcia antiga. *Processes, 8*(1), 79.

Marques, F. M., Figueira, M. M., Schmitt, E. F. P., Kondratyuk, T. P., Endringer, D. C., Scherer, R., & Fronza, M. (2019). Atividade antiinflamatória in vitro de terpenos via supressão da geração de superóxido e óxido nítrico e da via de sinalização NF-κB. *Inflammopharmacology, 27*, 281-289.

Marques, H. M. C. (2010). Uma revisão sobre o encapsulamento de óleos essenciais e voláteis em ciclodextrina. *Flavour and Fragrance Journal, 25*(5), 313-326. https://doi.org/10.1002/ffj.2019

Maurya, A., Prasad, J., Das, S., & Dwivedy, A. K. (2021). Óleos essenciais e sua aplicação na segurança alimentar. *Fronteiras em Sistemas Alimentares Sustentáveis, 5*, 653420.

Mehta, S., & MacGillivray, M. (2022). Aromaterapia em têxteis: uma revisão sistemática de estudos que examinam os têxteis como um portador potencial para os efeitos terapêuticos dos óleos essenciais. *Têxteis*, *2*(1), Artigo 1. https://doi.org/10.3390/textiles2010003

Merino, N., Berdejo, D., Bento, R., Salman, H., Lanz, M., Maggi, F., Sánchez-Gómez, S., García-Gonzalo, D., & Pagán, R. (2019). Eficácia antimicrobiana de Thymbra capitata (L.) Cav. Óleo essencial carregado em nanopartículas de zeína auto-montadas em combinação com calor. *Industrial Crops and Products*, *133*, 98-104. https://doi.org/10.1016/j.indcrop.2019.03.003

Miguel, M. G., Lourenço, J. P., & Faleiro, M. L. (2020). Nanopartículas Superparamagnéticas de Óxido de Ferro e Óleos Essenciais: Uma Nova Ferramenta para Aplicações Biológicas. *International Journal of Molecular Sciences*, *21*(18), Artigo 18. https://doi.org/10.3390/ijms21186633

Mishra, A. P., Devkota, H. P., Nigam, M., Adetunji, C. O., Srivastava, N., Saklani, S., Shukla, I., Azmi, L., Shariati, M. A., Melo Coutinho, H. D., & Mousavi Khaneghah, A. (2020). Combinação de óleos essenciais em produtos lácteos: Uma revisão de suas funções e benefícios potenciais. *LWT*, *133*, 110116. https://doi.org/10.1016/j.lwt.2020.110116

Mustafa, I. F., & Hussein, M. Z. (2020). Síntese e Tecnologia de Formulação de Pesticidas à Base de Nanoemulsão. *Nanomaterials*, *10*(8), Artigo 8. https://doi.org/10.3390/nano10081608

Ojha, S., & Mishra, S. (2023). Portadores lipídicos nanoestruturados para atingir o sistema nervoso central: avanços recentes. *Micro and Nanosystems*, *15*(2), 82-91. https://doi.org/10.2174/1876402915666230518121949

Ortner, V., Kaspar, C., Halter, C., Töllner, L., Mykhaylyk, O., Walzer, J., Günzburg, W. H., Dangerfield, J. A., Hohenadl, C., & Czerny, T. (2012). Expressão genética controlada por campo magnético em células encapsuladas. *Journal of Controlled Release*, *158*(3), 424-432. https://doi.org/10.1016/j.jconrel.2011.12.006

Ozdal, T., Yolci-Omeroglu, P., & Tamer, E. C. (2020). 6-Papel do encapsulamento em bebidas funcionais. In A. M. Grumezescu & A. M. Holban (Eds.), *Progresso Biotecnológico e Consumo de Bebidas* (pp. 195-232). Academic Press. https://doi.org/10.1016/B978-0-12-816678-9.00006-0

Pandey, P. (2022). Role of nanotechnology in electronics: A review of recent developments and patents. *Patentes recentes sobre nanotecnologia*, *16*(1), 45-66.

Pandit, J., Aqil, Mohd., & Sultana, Y. (2016). 14-Tecnologia de nanoencapsulação para controlar a liberação e aumentar a bioatividade de óleos essenciais. Em A. M. Grumezescu (Ed.), *Encapsulations* (pp. 597-640). Academic Press. https://doi.org/10.1016/B978-0-12-804307-3.00014-4

Perinelli, D. R., Cespi, M., & Bonacucina, G. (2019). 19-Nanoestruturas de polímeros biodegradáveis químicos e seus derivados para encapsulamento de ingredientes alimentares. Em S. M. Jafari (Ed.), *Nanoestruturas de biopolímeros para fins de encapsulamento de alimentos* (pp. 581-606). Academic Press. https://doi.org/10.1016/B978-0-12-815663-6.00019-7

Ríos, J.-L. (2016). Capítulo 1 - Óleos essenciais: o que são e como se usam e definem os termos. Em V. R. Preedy (Ed.), *Essential Oils in Food Preservation, Flavor and Safety* (pp. 3-10). Academic Press. https://doi.org/10.1016/B978-0-12-416641-7.00001-8

Salem, M. A., Manaa, E. G., Osama, N., Aborehab, N. M., Ragab, M. F., Haggag, Y. A., Ibrahim, M. T., & Hamdan, D. I. (2022). Óleo essencial de coentro (Coriandrum sativum L.) e nano-formulações carregadas de óleo como uma potencialidade anti-envelhecimento via via TGFβ / SMAD. *Scientific Reports*, *12*(1), Artigo 1. https://doi.org/10.1038/s41598-022-10494-4

Santos, M. G., Carpinteiro, D. A., Thomazini, M., Rocha-Selmi, G. A., da Cruz, A. G., Rodrigues, C. E. C., & Favaro-Trindade, C. S. (2014). Coencapsulação de xilitol e mentol por dupla emulsão seguida de coacervação complexa e aplicação de microcápsulas em goma de mascar. *Food Research International*, *66*, 454-462. https://doi.org/10.1016/j.foodres.2014.10.010

Sarkic, A., & Stappen, I. (2018). Óleos essenciais e seus compostos únicos em cosméticos - uma revisão crítica. *Cosmetics*, *5*(1), 11.

Scimeca, D. (2006). *Les plantes du bonheur: Le coup de pouce des plantes contre tous les coups de blues*. Alpen Editions sam.

Shoukat, R., & Khan, M. I. (2021). Nanotubos de carbono: uma revisão sobre propriedades, métodos de síntese e aplicações em micro e nanotecnologia. *Microsystem Technologies*, 1-10.

Silva, G. A. (2004). Introdução à nanotecnologia e suas aplicações na medicina. *Neurologia cirúrgica*, *61*(3), 216-220.

Silva-Flores, P. G., Galindo-Rodríguez, S. A., Pérez-López, L. A., & Álvarez-Román, R. (2023). Desenvolvimento de Nanocápsulas Poliméricas Carregadas com Óleo Essencial como Sistemas de Entrega à Pele: Parâmetros Biofísicos e Avaliação Dermatocinética Ex Vivo. *Molecules*, *28*(20), Artigo 20. https://doi.org/10.3390/molecules28207142

Sinha, R., Kim, G. J., Nie, S., & Shin, D. M. (2006). Nanotecnologia na terapêutica do cancro: nanopartículas bioconjugadas para administração de medicamentos. *Molecular cancer therapeutics*, *5*(8), 1909-1917.

Siva, S., Li, C., Cui, H., Meenatchi, V., & Lin, L. (2020). Encapsulamento de componentes de óleo essencial com metil-β-ciclodextrina usando ultrassonicação: Solubilidade, caraterização, DPPH e ensaio antibacteriano. *Ultrasonics Sonochemistry*, *64*, 104997. https://doi.org/10.1016/j.ultsonch.2020.104997

Suffredini, G., East, J., & Levy, L. (2013). Novas aplicações da nanotecnologia para neuroimagem. *AJNR. Revista americana de neurorradiologia*, *35*. https://doi.org/10.3174/ajnr.A3543

Tian, B., Wang, Q., Su, Q., Feng, W., & Li, F. (2017). Biodistribuição in vivo e avaliação da toxicidade de nanocápsulas de upconversion baseadas em aniquilação tripleto-tripleto. *Biomaterials*, *112*, 10-19. https://doi.org/10.1016/j.biomaterials.2016.10.008

Timilsena, Y. P., Akanbi, T. O., Khalid, N., Adhikari, B., & Barrow, C. J. (2019). Coacervação complexa: princípios, mecanismos e aplicações em microencapsulação. *International Journal of Biological Macromolecules*, *121*, 1276-1286. https://doi.org/10.1016/j.ijbiomac.2018.10.144

Torres, C. S. (2003). *Alternative lithography: Unleashing the potentials of nanotechnology*. Springer Science & Business Media.

Turek, C., & Stintzing, F. C. (2013). Estabilidade dos óleos essenciais: uma revisão. *Revisões abrangentes em ciência e segurança alimentar*, *12*(1), 40-53.

Venugopal, J., Prabhakaran, M. P., Low, S., Choon, A. T., Zhang, Y., Deepika, G., & Ramakrishna, S. (2008). Nanotecnologia para nanomedicina e entrega de medicamentos. *Projeto farmacêutico atual*, *14*(22), 2184-2200.

Wen, P., Zong, M.-H., Linhardt, R. J., Feng, K., & Wu, H. (2017). Electrospinning: Uma nova abordagem de nanoencapsulação para compostos bioativos. *Tendências em Ciência e Tecnologia Alimentar*, *70*, 56-68. https://doi.org/10.1016/j.tifs.2017.10.009

Yuan, C., Wang, Y., Liu, Y., & Cui, B. (2019). Caracterização físico-química e avaliação da atividade antibacteriana do óleo essencial de lavanda encapsulado em hidroxipropil-beta-ciclodextrina. *Industrial Crops and Products*, *130*, 104-110. https://doi.org/10.1016/j.indcrop.2018.12.067

Yun, P., Devahastin, S., & Chiewchan, N. (2021). Microestruturas de encapsulados e suas relações com a eficiência de encapsulamento e liberação controlada de constituintes bioativos: Uma revisão.

Comprehensive Reviews in Food Science and Food Safety, *20*(2), 1768-1799. https://doi.org/10.1111/1541-4337.12701

Zerrougui, K., & Amira, A. (2023). *Biossíntese de nanopartículas metálicas à base de óleo essencial de folhas de hortelã*. UNIVERSITE KASDI MERBAH OUARGLA.

MIX
Papier aus verantwortungsvollen Quellen
Paper from responsible sources
FSC® C105338

Printed by Books on Demand GmbH, Norderstedt / Germany